BEI GRIN MACHT SICH IHR WISSEN BEZAHLT

Simon Weller

Aktuelle passive Landerkundungssatelliten

GRIN Verlag

Bibliografische Information der Deutschen Nationalbibliothek:

Die Deutsche Bibliothek verzeichnet diese Publikation in der Deutschen National-
bibliografie; detaillierte bibliografische Daten sind im Internet über http://dnb.d-
nb.de/ abrufbar.

Dieses Werk sowie alle darin enthaltenen einzelnen Beiträge und Abbildungen
sind urheberrechtlich geschützt. Jede Verwertung, die nicht ausdrücklich vom
Urheberrechtsschutz zugelassen ist, bedarf der vorherigen Zustimmung des Verla-
ges. Das gilt insbesondere für Vervielfältigungen, Bearbeitungen, Übersetzungen,
Mikroverfilmungen, Auswertungen durch Datenbanken und für die Einspeicherung
und Verarbeitung in elektronische Systeme. Alle Rechte, auch die des auszugsweisen
Nachdrucks, der fotomechanischen Wiedergabe (einschließlich Mikrokopie) sowie
der Auswertung durch Datenbanken oder ähnliche Einrichtungen, vorbehalten.

Impressum:

Copyright © 2006 GRIN Verlag GmbH
Druck und Bindung: Books on Demand GmbH, Norderstedt Germany
ISBN: 978-3-640-88118-5

Dieses Buch bei GRIN:

http://www.grin.com/de/e-book/169732/aktuelle-passive-landerkundungssatelliten

GRIN - Your knowledge has value

Der GRIN Verlag publiziert seit 1998 wissenschaftliche Arbeiten von Studenten, Hochschullehrern und anderen Akademikern als eBook und gedrucktes Buch. Die Verlagswebsite www.grin.com ist die ideale Plattform zur Veröffentlichung von Hausarbeiten, Abschlussarbeiten, wissenschaftlichen Aufsätzen, Dissertationen und Fachbüchern.

Besuchen Sie uns im Internet:

http://www.grin.com/

http://www.facebook.com/grincom

http://www.twitter.com/grin_com

Inhaltsverzeichnis

Einleitung

Die vorliegende Arbeit dient der inhaltlichen Vervollständigung und Abrundung des Themenblocks „passive Landerkundungssatelliten". Dazu wird zunächst auf die Gruppe der meteorologischen Satelliten eingegangen, wobei einige ausgewählte Satellitenmodelle bzw. -serien beispielhaft herausgegriffen werden. Anschließend sollen zukünftige Entwicklungen im Bereich der passiven Satellitenaufnahmesysteme am Beispiel der Hyperspektralscanner aufgezeigt werden. Abschließend werden Möglichkeiten diskutiert, wie die bisher behandelten passiven Landerkundungssatelliten sinnvoll klassifiziert werden können, um letztendlich einen einprägsamen Überblick über die verschiedenen Systeme zu erhalten.

1 Meteorologische Satelliten
1.1 Allgemeines

Meteorologische Satelliten müssen speziellen Anforderungen genügen, die nicht mit den Erfordernissen der landbezogenen Fernerkundung übereinstimmen. Dementsprechend unterscheiden sich auch die fernerkundlichen Methoden zum Teil erheblich. Zum einen ist für Wettersatelliten die Erfassung der dynamischen, mitunter sehr kurzfristigen Änderungen der Atmosphäre entscheidend. Zum anderen sollten ihre Sensoren in der Lage sein, die für klimatologische Analysen relevanten Bereiche der elektromagnetischen Strahlung zu registrieren. Als Konsequenz daraus ergibt sich, dass die Wiederholrate, also die temporale Auflösung, von großer Wichtigkeit ist. Vergleichsweise unbedeutend ist dagegen die räumliche Auflösung, die bei den meisten meteorologischen Satelliten im Kilometerbereich liegt und damit weit unter dem Niveau von Landerkundungssatelliten wie SPOT 5 (5 m) oder Quickbird-2 (bis zu 61 cm) zurückbleibt. Außerdem verfügen Wettersatelliten über spezielle Spektral-kanäle, beispielsweise in den Absorptionsbanden des Wasserdampfes, die bei der Landerkundung kaum eine Rolle spielen. Um die genaue Intensität der relevanten elektromagnetischen Strahlung erfassen zu können, ist eine hohe radiometrische Auflösung für meteorologische Belange unerlässlich (vgl. LÖFFLER et al. 2005 : 73 f. ; ALBERTZ 2001: 218).

Grundsätzlich können meteorologische Satelliten durch die Art ihrer Umlaufbahn in zwei Kategorien unterschieden werden. Die einen befinden sich auf einer geostationären bzw. geosynchronen Umlaufbahn (GEO = geostationary earth orbit) in ca. 35.800 km Höhe über dem Äquator und scheinen immer am gleichen Punkt über der Erdoberfläche zu schweben, da sie mit der Erdrotation Schritt halten. Zu diesem Typ gehören unter anderem die METEOSAT- und die GOES-Serie. Ergänzt werden sie durch polar-umlaufende Satelliten, die sich auf viel niedrigeren (ca. 700-1.400 km Höhe) und gegen die Äquatorebene stark geneigten Orbits befinden (LEO = low earth orbit). Ein bekannter Vertreter ist beispielsweise die NOAA-Serie. Im Vergleich zu polar-umlaufenden Landerkundungssatelliten tasten sie jedoch weitaus breitere Streifen der Erdoberfläche ab, da dies die temporale Auflösung verbessert und die räumliche Auflösung ohnehin nicht so entscheidend ist (Streifenbreite Ikonos-2: 13 km, NOAA-18: 2160 km (vgl. Löffler et al. 2005 : 74, 77; Albertz 2001: 217).

1.2 METEOSAT

Abb. 1: METEOSAT 1

Quelle: ESA 2006. Internet:
http://www.esa.int/esaEO/GGGH88WTG
EC_index_1.html. Stand: 02.02.2006.

METEOSAT (Meteorological Satellite) ist das erste meteorologische Satellitenprogramm der europäischen Raumfahrtagentur ESA. Diese entwickelte und betrieb eine Serie von Wetter-satelliten (METEOSAT 1-7), wobei der erste Satellit (METEOSAT 1) bereits 1977 gestartet wurde (Abb. 1). Im Jahre 1986 übernahm jedoch die EUMETSAT (european oganisation for the exploitation of meteorological satellites) mit Sitz in Darmstadt die Trägerschaft für METEOSAT und ist nun so-

wohl für den Betrieb der Satelliten als auch für die Bereitstellung und Vermarktung der Daten zuständig. Ein großer Kunde der EUMETSAT ist zum Beispiel der Deutsche Wetterdienst (DWD). Derzeit sind noch METEOSAT 5, 6 und 7 in Betrieb, wobei ersterer seit 2005 das Tsunami-Warnsystem im Indischen Ozean unterstützt. Die erste METEOSAT-Serie wird jedoch mittlerweile durch METEOSAT Secound Generation (MSG) fortgeführt (siehe B 3) (vgl. DWD 2006: Wetterlexikon-METEOSAT. Stand: 02.02.2006).

Bei METEOSAT handelt es sich um einen geostationären Satelliten, der sich über dem Schnittpunkt von Äquator und Nullmeridian, also über dem Golf von Guinea, in etwa 35.800 km Höhe, befindet. Als dreh-stabilisierter (spin-stabilized) Satellit, dreht er sich mit 100 rpm um die eigene Achse, die parallel zur Erdachse ausgerichtet ist. So ist es dem Sensorensystem möglich, bei jeder Umdrehung einen Streifen der Erdoberfläche von fünf Kilometern abzutasten. Nach jeder Umdrehung wird das dem Sensor vorgelagerte Teleskop minimal gekippt, sodass bei der nächsten Umdrehung der benachbarte Geländestreifen erfasst werden kann. Nach 2.500-maliger Wiederholung dieses Vorgangs entsteht ein komplettes Abbild der aus dieser Perspektive erfassbaren Erdhalbkugel (= full disc, vgl. Abb. 2). Der Abtastvorgang für eine full disc dauert 25 Minuten, wozu allerdings noch fünf Minuten zur Neuausrichtung des Teleskops addiert werden müssen, woraus sich letztendlich eine temporale Auflösung von 30 Minuten ergibt (vgl. Löffler et al. 2005 : 75).

Abb. 2 : METEOSAT Full-Disc

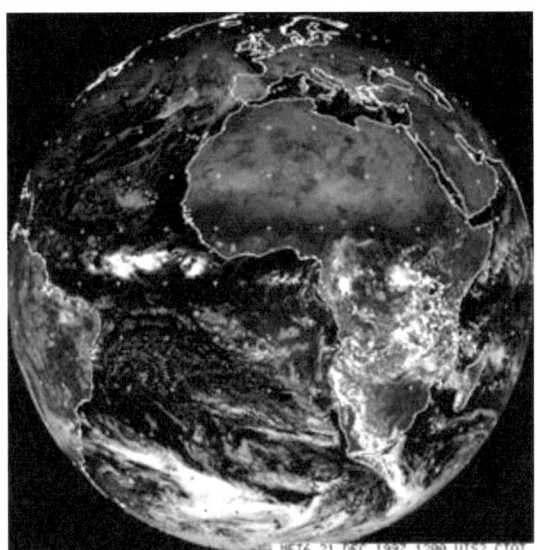

Quelle: Eduspace, Wettersatelliten. Internet: http://www.eduspace.esa.int/eduspace/main.asp?ulang=de. 03.02.2006

Die so entstandenen Bilder werden häufig im Fernseh-Wetterbericht aneinander gereiht und in Form eines „Satellitenfilms" in wenigen Sekunden nach dem Zeitrafferprinzip abgespielt.

Was die Aufnahmetechnik angeht, so verfügt METEOSAT über das Multispektral-radiometer VISSR (single imaging Visible and IR Spin Scan Radiometer), welches auf drei Kanälen scannt. Kanal 1 misst die elektromagnetische Strahlung im Bereich von 0,45-1,0 µm, also im sichtbaren Licht sowie im nahen Infrarot. Kanal 2 hingegen liefert mit einer spektralen Auflösung von 5,7-7,1 µm speziell für die Meteorologie relevante Daten. Dieser Wellenlängenbereich liegt im Wasserdampfabsorptionsband und registriert damit Strahlung, für welche die Atmosphäre kaum durchlässig ist. Dies ist recht ungewöhnlich, da sich die meisten anderen Scanner auf Bereiche hoher Durchlässigkeit, sogenannte atmosphärische Fenster konzentrieren. Auf diese Weise ist es möglich, die Menge des ansonsten unsichtbaren Wasserdampfes in der mittleren Atmosphäre zu analysieren. Kanal 3 schließlich registriert die Thermal-strahlung (thermisches Infrarot) von 10,5-12,5 µm, wodurch die Oberflächen-temperaturen von Land-, Meeres- und Wolkenoberflächen erfasst werden können. Die Darstellung erfolgt hier allerdings negativ, da sonst die kalten Wolken dunkler als die darunter liegenden   Landflächen erschienen, was dem natürlichen optischen Empfingen zuwider liefe. Abbildung 3 gibt einen Überblick über Bilder der drei Kanäle, die zur gleichen Zeit aufgenommen wurden (vgl. Eduspace, Wettersatelliten. 03.02.2006; Albertz 2001: 217, 218).

Abb. 3:

METEOSAT-Bilder von Kanal 1 (links), Kanal 2 (Mitte) und Kanal 3 (negativ, rechts).

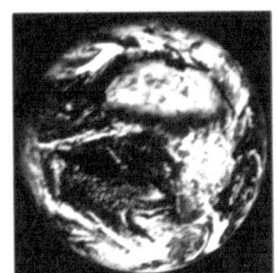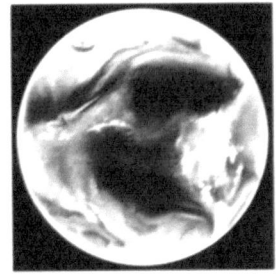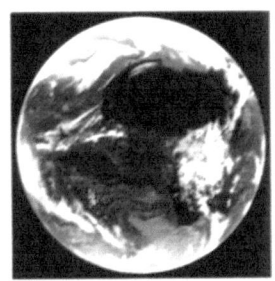

Quelle: Albertz 2001: 218

Die radiometrische Auflösung von 8 bit erlaubt dabei die Abstufung von 256 Grautönen. METEOSAT-Bilder haben eine Bodenauflösung von 5 km, wobei im Bereich des VIS und NIR ein zusätzlicher, parallel ausgerichteter Detektor zugeschaltet werden kann, was die Zeilenzahl verdoppelt und das räumliche Auflösungsvermögen auf 2,5 km erhöht. Diese Werte gelten freilich nur für den Nadir (SSP = sub satellite point) lotrecht unter dem Satelliten. Dies bedeutet hier, dass das tropische Afrika weitgehend flächentreu abgebildet wird, wohingegen polwärtig und weiter östlich bzw. westlich gelegene Gebiete durch eine gröbere Auflösung sowie Verzerrungen gekennzeichnet sind.

1.3 METEOSAT Second Generation (MSG)

Im August 2002 wurde der erste Satellit der neuen METEOSAT-Generation in den Orbit befördert, der seit dem 19.01.2004 unter der Bezeichnung METEOSAT-8 operationell in Betrieb ist (vgl. Abb. 4). Erst vor kurzem, nämlich am 21.12.2005, wurde METEOSAT-9 als backup satellite ins All gebracht, um für den Fall eines Ausfalls von METEOSAT-8 zur Verfügung zu stehen. Auch bei MSG handelt es sich um geostationäre, dreh-stabilisierte Wettersatelliten, die ihren Vorgängern jedoch in Bezug auf die Leistungsfähigkeit deutlich überlegen sind. Das neu entwickelte Multispektralradiometer SEVIRI (Spinning Enhanced Visible and Infrared Imager) verfügt über zwölf statt der bisherigen 3 Kanäle, wodurch die spektrale Auflösung massiv verbessert wird. Es handelt sich dabei um einen Breitbandkanal im Bereich von 0,4-1,1 µm, drei Kanäle im VIS und NIR sowie acht im Infrarot. Von dem oben beschriebenen Wasserdampf-Kanal existieren nun sogar zwei sowie zusätzlich ein Kanal zur Beobachtung des atmosphärischen Ozon und CO_2. Jeder Kanal besitzt zudem mindestens drei parallel geschaltete Detektoren, wodurch die Bodenauflösung auf 1 km im Breitbandkanal und 3 km auf den übrigen Kanälen erhöht werden konnte. Noch entscheidender ist jedoch, dass die zusätzlichen Detektoren auch die Datenaufnahme beschleunigen und somit bei der für klimatologische Analysen so wichtigen temporalen Auflösung der unerreicht gute Wert von 15 Minuten erreicht werden konnte. Aufgrund dieser Verbesserungen und der von 8 auf 10 bit erhöhten radiometrischen Auflösung nahm die erzeugte Datenmenge um den Faktor 20 zu, weswegen auch die Datenübertragung entsprechend angepasst werden musste und nun deutlich schneller als bei METEOSAT 1-7 funktioniert (vgl. Löffler et al. 2005 : 75 f., ESA : MSG. Internet: http://www.esa.int/SPECIALS/MSG/SEMQSCULWFE_0.html (03.02.2006).

Abb. 4: MSG

Neben dem SEVIRI-Scanner verfügt MSG noch über weitere klimato-logisch bedeutsame Instru-mente wie z.B. GERB (Geostationary Earth Radiation Budget), das in der Lage ist, die Strahlungsbilanz der Erde zu bestimmen. Es befindet sich jedoch auch ein S&R (search and rescue transponder) an Bord, der Notsignale diverser Land- Luft und Seefahrzeuge empfängt. Der Satellit übernimmt also auch einige nicht rein meteoro-logische Aufgaben.

Quelle: ESA : MSG. Internet:
http://www.esa.int/SPECIALS/MSG/SEM4BEU
LWFE_1.html 03.02.2006)

1.4 Meteorologisches Satellitensystem, GOES, NOAA

Die GOES-Serie (Geostationary Operational Environmental Satellite) ist das US-amerikanische Äquivalent zum europäischen METEOSAT. Entwickelt und ins All ge-bracht von der NASA, werden die Satelliten nun von der NOAA (National Oceanic and Atmospheric Administration) betrieben. Es handelt sich ebenfalls um geo-stationäre Wettersatelliten, die mithilfe eines Multispektralradiometers (GOES-Imager) ganztägig Wetterdaten bei einer Wiederholrate von 30 Minuten liefern. Neben der Erfüllung meteorologischer Aufgaben wird unter anderem das Erdmagnet-feld und die Röntgenstrahlung von der Sonne überwacht. Wie METEOSAT verfügt auch GOES über einen Search and Rescue Transponder und übermittelt noch diverse andere Daten z.B. aus dem Umweltbereich von Bodenbeobachtungs-stationen. Aktuell sind GOES 10-12 im operativen Einsatz, der ursprünglich schon für 2005 geplante Start der neuen Generation GOES-N verzögert sich weiterhin. Der GOES-Imager hat fünf Kanäle (1 VIS, 4 IR) und erreicht eine räumliche Auflösung von 1 km (VIS) bzw. 4 km (IR) bei einer radiometrischen Auflösung von 10 bit. Die Funktionsweise des Scanners ist der von VISSR sehr ähnlich, es entstehen „full-disc"-Aufnahmen. Im Unterschied zu METEOSAT befinden sich jedoch bei GOES die Satelliten auf zwei verschiedenen Positionen. GOES-East „schwebt" über Süd-amerika, GOES-West über dem Pazifik. So kann der ganze amerikanische Kontinent, inklusive der für das Wettergeschehen bedeutsamen Ozeane erfasst werden (vgl. Abb. 5) (vgl. BALDENHOFER 2005: Lexikon der Fernerkundung, GOES. 02.02.2006; Löffler et al. 2005 : 77.).

Abb. 5: Full-disc Bilder von GOES-East (links) und GOES-West (rechts)

Quelle: NOAA (2005): Geostationary Satellite Server. Internet:
http://www.goes.noaa.gov/goesfull.html. 10.01.2006.

Um nun nicht nur den amerikanischen Kontinent, sondern die gesamte Erde meteorologisch überwachen zu können, koordiniert die World Meteorological Organisation (WMO) ein internationales Wetterbeobachtungsprogramm, an dem sowohl METEOSAT und GOES als auch weitere Satelliten wie z.B. Japans GMS 5 und Indiens INSAT beteiligt sind. Im Rahmen dieses meteorologischen Satelliten-systems kann mit fünf geostationären Satelliten, die sich in jeweils ca. 60-70

Längengrad Abstand voneinander befinden, die ganze Erdoberfläche alle 15 bis 30 Minuten abgetastet werden. Wie jedoch bereits erwähnt, erleidet die räumliche Auflösung mit zunehmender Entfernung der Gebiete vom Nadir beträchtliche Einbußen. Die klimatologisch durchaus relevanten Polargebiete jenseits von 70° N bzw. S sind mit geostationären Satelliten gar nicht erfassbar, ausreichende Genauigkeit bzgl. Auflösung und Verzerrung ist sogar nur bis 60° N/S zu gewährleisten. Aus diesem Grund muss das meteorologische Satellitensystem durch polarumlaufende Satelliten auf LEOs ergänzt werden. Zu dieser Kategorie zählen unter anderem die NOAA-Serie und der russische METEOR. Wie GOES wird NOAA von NASA und NOAA gemeinschaftlich entwickelt, ins All befördert und betrieben. Der Satellit befindet sich, quasi wie ein Landerkundungssatellit, auf einer fast-polaren, sonnensynchronen Umlaufbahn in ca. 850 km Höhe. Die aktuelle NOAA-18 Serie hat dabei zwei Sensoren an Bord, zum einen das Hochauflösungsradiometer AVHRR (Advanced Very High Resolution Radiometer) und zum anderen HIRS (High Resolution Infrared Radiation Sounder). AVHRR hat eine spektrale Auflösung von sechs Bändern, eine Bodenauflösung von einem Kilometer und eine radiometrische Auflösung von 10 bit. Das auf den Infrarot-Bereich spezialisierte HIRS-Radiometer verfügt sogar über 20 Kanäle (1 VIS, 19 IR). Der geringeren räumlichen Auflösung von 10 Kilometern steht eine im Vergleich zu AVHRR bessere radiometrische Auflösung von 13 bit gegenüber. Bei einer Streifenbreite von 2400-3000 km (AVHRR) und 2160 km (HIRS) erreicht NOAA eine Wiederholrate von einem halben Tag (vgl. BALDENHOFER 2005: Lexikon der Fernerkundung, Meteorologisches Satellitensystem. 2.02.2006; Löffler et al. 2005 : 76 f.).

2 Zukünftige Entwicklungen – Hyperspektralscanner

Als Beispiel für zukünftige Entwicklungsperspektiven im Bereich der passiven Landerkundungssatelliten soll im Folgenden das Konzept der Hyperspektralscanner erläutert werden. Bislang bestand in der Fernerkundung das Problem, dass die charakteristische spektrale Signatur von Materialien und Objekten der Erdoberfläche, also beispielsweise von Vegetation, nicht ausreichend erfasst werden konnte. Die Scanner-Kanäle der herkömmlichen Radiometer waren dafür schlicht zu breit. Abbildung 6 veranschaulicht dies am Beispiel der vier Landsat-Kanäle. Auf der linken

Seite sind die kontinuierlichen spektralen Signaturen von Wasser, Erdboden und Vegetation vor dem Hintergrund der vier Kanäle zu sehen. Rechts hingegen sieht man die drei Frequenzmuster, wie sie von den vier Kanälen erfasst werden. Innerhalb jedes der breiten Bänder wird die elektromagnetische Strahlung gemittelt und erscheint als horizontale Linie. Die ursprüngliche Signatur kann also nur sehr ungenau und grob widergegeben werden. Dies mag zur Unterscheidung sehr unterschiedlicher Signaturen wie der von Wasser und Vegetation ausreichend sein, eine detailliertere Differenzierung, beispielsweise zwischen verschiedenen Vegetationstypen oder gar einzelnen Pflanzenarten, ist jedoch kaum möglich.

Abb. 6: Spektrale Signaturen und Landsat -Kanäle

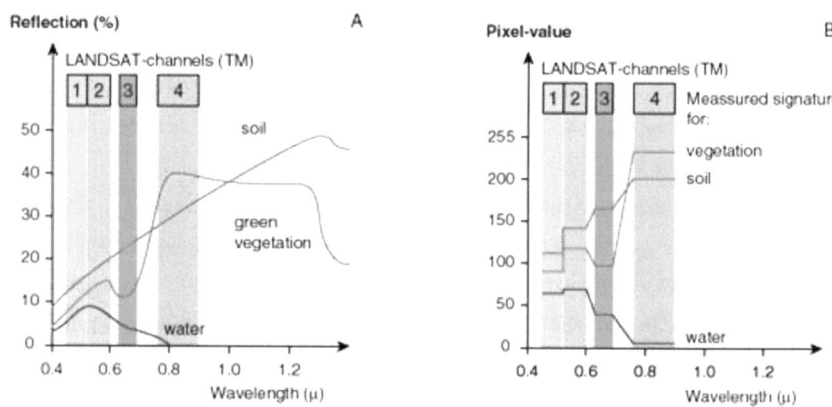

Quelle: Eduspace, spectral signatures.Internet:
http://www.eduspace.esa.int/eduspace/subtopic/default.asp?document=295. 04.02.2006.

Im Gegensatz dazu zeichnen sich Hyperspektralsensoren durch eine deutlich größere Zahl (z.T. Hunderte) von sehr schmalen Kanälen aus. So kann der spektrale „Fingerabdruck" einer Oberfläche als fast kontinuierliches Spektrum für jedes Pixel widergegeben werden. Diese Technik ist insbesondere bei der Klassifizierung von Objekten der Erdoberfläche wertvoll, wobei dazu natürlich eine gute räumliche Auflösung vorteilhaft ist, um die Objekte besser trennen zu können und Mischpixel zu vermeiden. Abbildung 7 zeigt beispielsweise die Möglichkeit bei einer Hyperspektralaufnahme trotz minimaler Unterschiede zwischen Algen und Salzgraswiesen zu unterschieden. Im Hintergrund befinden sich zum Vergleich die breiten Ikonos-Bänder.

Abb. 7: Spektralsignaturen vor Hyperspektral- und Ikonos-Bändern.

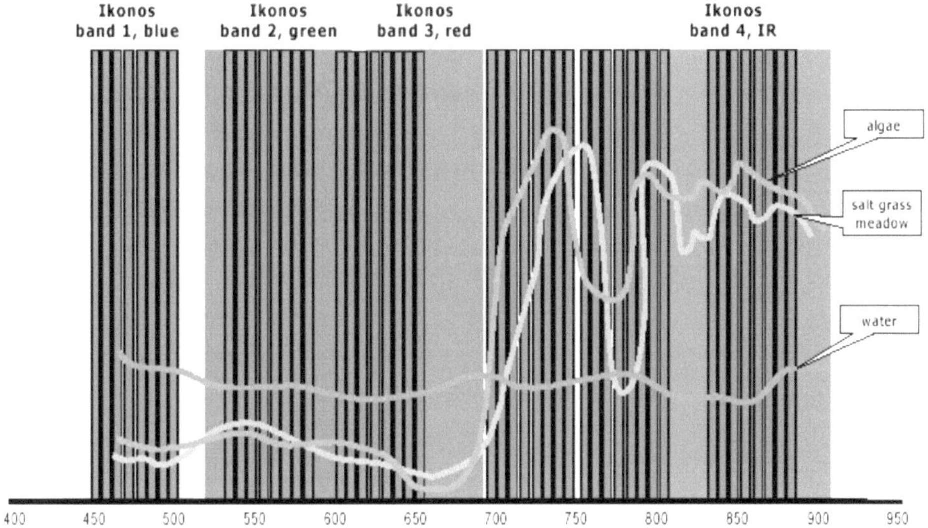

QUELLE: EHLERS: S. 11.

Trotz dieser vielversprechenden Vorteile wird die Anwendung der Technik im größeren Maßstab bislang durch das Problem der ungeheuren Datenmengen sowie deren Speicherung, Verarbeitung und Analyse verhindert. Aus diesem Grund wurden Hyperspektralsensoren in der Vergangenheit ausschließlich an Bord von Flugzeugen verwendet. Dies hat sich jedoch geändert. Beispiele dafür sind unter anderem der Kleinsatellit Proba der ESA mit dem Instrument CHRIS (Compact High Resolution Imaging Spectrometer), das mit seinen immerhin 62 Kanälen vorwiegend zur Umweltbeobachtung, z.B. Monitoring der Artenvielfalt oder Risikoabschätzung in Überschwemmungsgebieten. Der von der NASA entwickelte Sensor „Hyperion", der sich auf EO-1 (Earth Observer 1) befindet, verfügt sogar über 220 Bänder bei einer Bodenauflösung von 30 Metern. Ein weitere Beispiel für die satellitenbasierte Verwendung von Hyperspektralscannern ist das auf dem europäischen Umweltsatelliten ENVISAT installierte AVIRIS (Airborne Visible/Infrared Imaging Spectrometer) mit beachtlichen 224 Kanälen im Bereich von 0,4-2,5 µm (vgl. BALDENHOFER 2005: Lexikon der Fernerkundung, hyperspektrale Scanner. 2.02.2006; Löffler et al. 2005 : 60).

3 Überblick über passive Satellitenaufnahmesysteme

Abschließend sollen nun Möglichkeiten aufgezeigt werden, die bislang behandelten passiven Satellitenaufnahmesysteme sinnvoll zu klassifizieren, um einen kompakten Überblick über diese Gruppe zu erhalten. Zunächst gibt Tabelle 1 eine Übersicht der wichtigsten technischen Daten der hier vorgestellten meteorologischen Satelliten.

Tab. 1: Übersicht über meteorologische Satelliten

Satellit	Orbit und Höhe	Wieder-holrate	Sensor	Räuml. Auflösung	Spektr. Auflösung	Radiometr. Auflösung/bit
METEOSAT	geostationär GEO, 35.800	30 min	VISSR	5 km 2,5km/VIS	3 Kanäle	8
MSG	geostationär GEO, 35.800	15 min	SEVIRI	3 km 1 km/VIS	12 Kanäle	10
GOES-12	geostationär GEO, 35.800	30 min	GOES IMager	1 km/VIS 4km/IR	5 Kanäle	10
NOAA-18	fast polar, LEO 833±19/870±19	12 h	AVHRR	1,09 km	6 Kanäle	10
			HIRS	10 km	20 Kanäle	13

Quelle: ; Löffler et al. 2005 : 77

Die technischen Rahmendaten dienen auch zur Untergliederung der gesamten Gruppe der passiven Landerkundungssatelliten. Da die Satellitenaufnahmesysteme für unterschiedlichen Zwecken konzipiert wurden, können anhand der technischen Daten Rückschlusse auf die Art und die Verwendung des Satellits gezogen werden. Zunächst muss man sich des Unterschieds zwischen polarumlaufenden und geo-stationären Satelliten bewusst sein. Diese Unterscheidung ist jedoch sehr grob, zu-mal alle Landerkundungssatelliten zu erster Kategorie gehören. Des weiteren kommt auch eine Klassifizierung nach der spektralen Auflösung in Frage. Abbildung 8 zeigt jedoch, dass dies schnell relativ unübersichtlich werden kann, insbesondere wenn man an die hochauflösenden Systeme mit 20 Bändern und mehr oder gar an die Hyperspektralscanner denkt.

Abb. 8: Spektrale Auflösung ausgewählter Satelliten

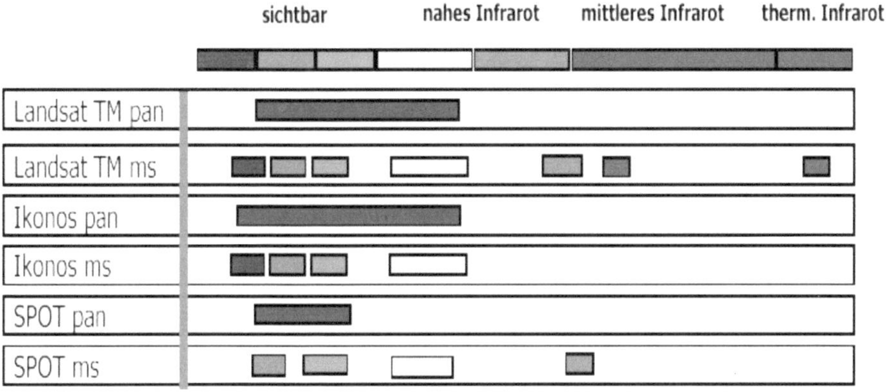

QUELLE: EHLERS: S. 10.

Satelliten nach der radiometrischen Auflösung ihrer Instrumente zu kategorisieren ist ebenfalls problematisch. Die bit-Zahl, welche die Anzahl der darstellbaren Grau- bzw. Farbstufen ausdrückt, ist für die meisten eine ziemlich abstrakte, wenig einprägsame Größe.

Am sinnvollsten erscheint daher eine Klassifizierung nach der Bodenauflösung. Deren Werte geben am deutlichsten Auskunft über den Verwendungszweck, beispielsweise wird hier der Unterschied zwischen meteorologischen und Landerkundungssatelliten am deutlichsten, da bei ersteren die räumliche Auflösung eine untergeordnete Rolle spielt, während sie bei der Landerkundung von entscheidender Bedeutung ist. Tabelle 2 zeigt die Einteilung aller bislang im Kurs vorgestellten passiven Satellitenaufnahmesysteme in Bodenauflösungsklassen.

Tab. 2: Passive Satelliten, klassifiziert nach Bodenauflösung

Bodenauflösung		Satellitensystem
10 cm –1 m	ultra hoch	Quickbird (bis zu 61 cm)
1-4m	sehr hoch	Ikonos-2 (1 m)
4-10 m	hoch	SPOT 5 (5 m)
10-50 m	mittel	Landsat 7 (30-15 m)
50-250 m	niedrig	
> 250 m	sehr niedrig	Meteorologische Satelliten (Kilometer-bereich)

QUELLE: Eigener Entwurf nach EHLERS: S. 13.

Literaturverzeichnis

ALBERTZ, J. (2001)²: Einführung in die Fernerkundung. Darmstadt.

BALDENHOFER, K. (2005): Lexikon der Fernerkundung. Internet: http://www.fe-lexikon.info/index.htm. Stand: 14.01.2006.

DWD (Hrsg.) (2006): Wetterlexikon. Internet: http://www.dwd.de/de/SundL/Freizeit/Hobbymeteorologen/Wetterlexikon/. Stand: 02.02.2006.

Eduspace (Hrsg.) (o.J.): Homepage. Internet: http://www.eduspace.esa.int/. Stand: 13.01.2006.

EHLERS, M. (o.J.): Neue Entwicklungen in der Fernerkundung-Herausforderung für die automatische Bildauswertung. Vechta.

ESA (Hrsg.) (2006): Homepage. Internet: http://www.esa.int/esaCP/index.html. (o.O.)

LÖFFLER, E. ; HONECKER, U. ; STABEL, E. ³(2005): Geographie und Fernerkundung. Berlin.

NOAA (Hrsg.) (2005): Geostationary Satellite Server. Internet: http://www.goes.noaa.gov/goesfull.html. Stand: 10.01.2006.

Zentrale für Unterrichtsmedien (Hrsg.) (o.J.): Satellitengeographie im Unterricht. Internet: http://satgeo.zum.de/satgeo/methoden/aufnsyst.htm. Stand: 14.01.2006.